普通高等教育机械工程实验教学示范中心"十三五"规划系列教材

工程力学实验指导书

赖丽娟　李　兵　秦雪梅　陈淑婉　主编

华中科技大学出版社
中国·武汉

内 容 简 介

本书共分三个实验项目:金属拉伸实验、金属压缩实验、金属扭转实验。金属拉伸实验主要介绍测定低碳钢在拉伸过程中的几个力学性能指标的方法,观察低碳钢、铸铁在拉伸过程中的各种现象,绘制拉伸图($F\text{-}\Delta L$ 图),由此了解试件变形过程中变形随荷载变化的规律,比较低碳钢和铸铁两种材料的拉伸性能和断口形貌。金属压缩实验主要介绍测定低碳钢压缩时的屈服强度 σ_s,测定灰铸铁压缩时的抗压强度 σ_{bc},绘制低碳钢和灰铸铁的压缩图,比较低碳钢与灰铸铁在压缩时的变形特点和破坏形式。金属扭转实验主要介绍如何验证剪切胡克定律,测定低碳钢的切变模量 G,测定低碳钢扭转时的扭转屈服强度 τ_s 和抗扭强度 τ_b,测定灰铸铁扭转时的抗扭强度 τ_b,绘制低碳钢和灰铸铁的扭转图,比较低碳钢和灰铸铁的扭转破坏形式。

本书可作为高等院校机械及相关专业的实验指导教学用书,也可作为实验教材,并可供相关工程技术人员参考。

图书在版编目(CIP)数据

工程力学实验指导书/赖丽娟等主编.—武汉:华中科技大学出版社,2016.2
普通高等教育机械工程实验教学示范中心"十三五"规划系列教材
ISBN 978-7-5680-1576-9

Ⅰ.①工… Ⅱ.①赖… Ⅲ.①工程力学-实验-高等学校-教学参考资料 Ⅳ.①TB12-33

中国版本图书馆 CIP 数据核字(2016)第 040651 号

工程力学实验指导书
Gongcheng Lixue Shiyan Zhidaoshu

赖丽娟　李兵　秦雪梅　陈淑婉　主编

策划编辑:俞道凯
责任编辑:刘 飞
封面设计:潘 群
责任校对:刘 竣
责任监印:张正林
出版发行:华中科技大学出版社(中国·武汉)
　　　　　武昌喻家山　邮编:430074　电话:(027)81321913
录　排:武汉三月禾文化传播有限公司
印　刷:武汉鑫昶文化有限公司
开　本:787mm×1092mm　1/16
印　张:1.75
字　数:40 千字
版　次:2016 年 2 月第 1 版第 1 次印刷
定　价:6.00 元

总　　序

为提高实验教学质量，统一实验教学标准和作业方法，启发和引领学生积极思考和探索，北京理工大学珠海学院、成都理工大学、西北工业大学明德学院、运城学院的老师们基于机械相关专业的人才培养教学方案，并结合各自丰富的实践教学经验，共同编写了机械专业系列实验指导书。

本系列实验指导书主要面向应用型本科院校理工科基础专业的学生。与以往相似的实验指导书相比，本系列实验指导书有如下特色：

首先，本系列实验指导书在实验操作指导方面的内容更详细，图文并茂的实验步骤说明更为具体，使学生能快速掌握实验过程和方法；

其次，本系列实验指导书在实验操作指导过程中穿插相对应的理论知识，使实践与理论结合更为紧密，能有效帮助和引导学生在进行实验时能够高效地回顾理论课上所学习的相关理论知识，从而加深学生对相关知识要点的理解和应用；

再次，本系列实验指导书还对实验报告进行了规范整理，从重点内容梳理、数据记录、表格设计到计算结论等都有统一的格式，学生在整理实验报告时可以节省大量的时间，直接借用规范的报告格式就可以输出记录，从而提高学生的实验效率；

最后，在思考题的设计上也为学生进一步巩固和加深对知识要点的理解、增强理论联系实际的能力，提供了积极的、有效的创新探索思路。

希望本系列实验指导书能像一盏明灯，照亮高校实验教学工作的前景，在给使用者提供更高效、便捷指导的同时，能给大家带来更多的关于创新模式的启发。同时，我们也真诚地希望使用者在使用本系列实验指导书的同时，能给编者提出宝贵的意见和建议，帮助其不断提高本系列实验指导书的质量。

国家级教学名师

教授　焦永和

2015 年 5 月 16 日

前　言

根据国家教委颁发修订的"机械设计基础课程教学基本要求",明确了实验课是一个重要的教学环节。实验课不仅可以加深对本课程基本概念、基本理论的理解,而且可以培养学生的工程实践认知能力和创新设计能力。

《工程力学实验指导书》是机械类专业中的技术基础实践教材。它主要介绍和研究工程材料的性能强化工艺、各种成形工艺方法本身的规律及内在联系,以及各种加工方法的特点和应用。

本实验指导书以《材料力学》为蓝本,结合相关教学大纲要求,力求图文并茂,深入浅出、通俗易懂,便于教学。每个实验都包括实验目的、实验设备与仪器、实验试样、实验原理与方法、实验步骤和实验报告。每个实验项目的实验报告都将实验目的、步骤、记录数据及表格汇编到一起,清晰明了,便于师生归纳总结、记录数据。

在本实验指导书的编写过程中,作者参考了有关的教材、各院校实验教材及仪器设备的使用说明,在此深表谢意。

由于编写水平有限,书中难免有疏忽错漏之处,恳请读者批评指正。

编　者

2015 年 10 月 1 日

目 录

第一部分 实 验 指 导

第二部分 实 验 报 告

第一部分　实验指导

实验一　金属拉伸实验

金属拉伸实验是检验金属材料力学性能普遍采用的一种极其重要的基本实验项目。

金属的力学性能可用抗拉强度 σ_b、屈服强度 σ_s、延伸率 δ、断面收缩率 Ψ 和冲击韧度 α_k 五个指标来表示。它是机构设计的主要依据。在机构制造和建筑工程等许多领域,有许多机械零件或建筑构件是处于受拉状态的,为了保证构件能够正常工作,必须使材料具有足够的抗拉强度,这就需要测定材料的性能指标是否符合要求,其测定方法就是对材料进行拉伸实验。

金属材料的拉伸实验及测得的性能指标,是研究金属材料在各种使用条件下,确定其工作可靠性的主要实验之一,是应用新金属材料不可缺少的重要手段,所以拉伸实验是测定材料力学性能的一个基本实验。

一、实验目的

(1)测定低碳钢在拉伸过程中的力学性能指标:屈服强度 σ_s、抗拉强度 σ_b、延伸率 δ、断面收缩率 Ψ。测定铸铁在拉伸过程中的抗拉强度 σ_b。

(2)观察低碳钢、铸铁在拉伸过程中的各种现象,绘制拉伸图(F-ΔL 图),由此了解试样在拉伸过程中变形量随载荷变化的规律,以及有关的一些物理现象。

(3)观察断口,比较低碳钢和铸铁两种材料的拉伸性能及断口形貌。

二、实验设备与仪器

万能材料试验机,引伸仪,划线台,游标卡尺,小直尺。

三、实验试样

金属材料拉伸实验常用圆形试样。为了使实验测得的数据可以互相比较,试样的形状尺寸必须按国家标准 GB/T 228.1—2010 的规定制造成标准试样。如因材料尺寸限制等特殊情况不能将试样做成标准试样时,应按规定将其做成比例试样。图 1.1 为圆形截面标准试件和比例试样。板材可制成矩形截面试样。圆形试样原始标距 L_0 和直径 d_0 之比:长试样为 $L_0/d_0 = 10$,以 δ_{10} 表示;短试样为 $L_0/d_0 = 5$,以 δ_5 表示。矩形试样截面面积 A_0 和标距 L_0 之间的关系应为

$$L_0 = 11.3 \sqrt{A_0}$$

或

$$L_0 = 5.65 \sqrt{A_0}$$

试样两端为夹持部分,因夹具类型不同,圆形试样端部可做成圆柱形、阶梯形或螺纹形,如图 1.1 所示。

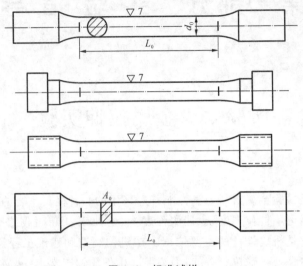

图 1.1　标准试样

四、实验原理与方法

材料的力学性能指标 σ_s、σ_b、δ、Ψ 是由拉伸破坏实验来确定的,实验时万能材料试验机可自动绘出载荷与变形关系的拉伸曲线(F-ΔL 图)如图 1.2 所示,观察试样和拉伸图可以看到下列变形过程。

（1）弹性阶段——OA。

（2）屈服阶段——BC。

（3）强化阶段——CD。

（4）颈缩阶段——DE。

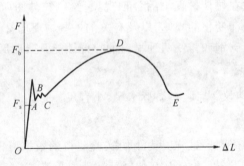

图 1.2　F-ΔL 图

由实验可知,在弹性阶段,卸荷后试样变形立即消失,这种变形是弹性变形。当负荷增加到一定值时,测力度盘的指针停止转动或来回摆动,拉伸图上出现了锯齿平台,即在荷载不增加的情况下,试样继续伸长,材料处在屈服阶段。此时可记录下屈服点 F_s。当屈服到一定程度后,材料又重新具有抵抗变形的能力,材料处在强化阶段。在此阶段,强化后的材料产生了残余应变,卸载后再重新加载,材料具有和原材料不同的性质,强度提高了,但是断裂后的残余变形将比原来的低。这种常温下经塑性变形后,材料强度提高、塑性降低的现象称为冷作硬化。当荷载达到最大值 F_b 后,试样的某一部位截面开始急剧缩小致使载荷下降,直到断裂,这一阶段称为颈缩阶段。

由此可计算

（1）屈服强度：$\sigma_s = \dfrac{F_s}{A_0}$

（2）抗拉强度：$\sigma_b = \dfrac{F_b}{A_0}$

（3）延伸率：$\delta = \dfrac{L_1 - L_0}{L_0} \times 100\%$

（4）截面收缩率：$\Psi = \dfrac{A_0 - A_1}{A_0} \times 100\%$

式中：　A_0、L_0——拉伸前试样的截面面积及标距；

$\qquad$ F_s——屈服载荷；

$\qquad$ F_b——最大载荷；

$\qquad$ L_1——断后标距部分长度；

$\qquad$ A_1——断后最细部分截面面积。

其中，F_s、F_b、L_1、A_1 可在实验中测得。

五、实验步骤

选取低碳钢和铸铁试样各一个，听其着地声音判断是何种材料：低碳钢音质高脆，铸铁音质低沉。

1. 测定低碳钢的弹性模量

（1）测量试样的尺寸。

（2）先将低碳钢的拉伸试样安装在万能材料试验机上，再把引伸仪安装在试样的中部，并将指针调零。

（3）按等量逐级加载法均匀缓慢加载，读取引伸仪的读数。

2. 测定低碳钢拉伸时的强度和塑性性能指标

（1）将试样打上标距点，并刻画上间隔为 10 mm 或 5 mm 的分格线。

（2）在试样标距范围内的中间以及两标距点的内侧附近，分别用游标卡尺在相互垂直方向上测取试样直径的平均值为试样在该处的直径，取三者中的最小值作为计算直径。

（3）把试样安装在万能材料试验机的上、下夹头之间。设置加载方式，调整好自动绘图装置。

（4）开动万能材料试验机，匀速缓慢加载，观察试样的屈服现象和颈缩现象，直至试样被拉断为止，并分别记录下主动指针回转时的最小载荷 F_s 和从动指针所停留位置的最大载荷 F_b。

（5）取下拉断后的试样，将断口吻合压紧，用游标卡尺量取断口处的最小直径和两标点之间的距离。

3. 测定灰铸铁拉伸时的强度性能指标

（1）测量试样的尺寸。

（2）把试样安装在万能材料试验机的上、下夹头之间，调整好自动绘图装置。

（3）开动万能材料试验机，匀速缓慢加载直至试样被拉断为止。慢速加载直到试样断裂，记录最大载荷 F_b 值，观察自动绘图装置上的曲线。

4. 注意事项

（1）实验时必须严格遵守实验设备和仪器的各项操作规程，严禁开"快速"挡加载。开动万能材料试验机后,操作者不得离开工作岗位,实验中如发生故障应立即停机。

（2）引伸仪系精密仪器,使用时须谨慎小心,不要用手触动指针和杠杆。安装试样时不能卡得太松,以防在实验中脱落摔坏;也不能卡得太紧,以防刀刃损伤造成测量误差。

（3）加载时的速度要均匀缓慢,防止冲击。

实验二 金属压缩实验

工程上除了有许多受拉构件外,还有许多是承受压力的构件,如机座、桥墩、屋柱等,其材料的强度指标必须通过压缩实验测得。通过实验,可将压缩实验与拉伸实验相比较。例如,由拉、压实验知道灰铸铁在拉伸、压缩时的强度极限各不相同。工程上就利用铸铁压缩强度高这一特点,用它制造机床底座、泵体等受压构件。

一、实验目的

(1)测定低碳钢压缩时的强度性能指标:屈服强度 σ_s。

(2)测定灰铸铁压缩时的强度性能指标:抗压强度 σ_{bc}。

(3)绘制低碳钢和灰铸铁的压缩图,比较低碳钢与灰铸铁在压缩时的变形特点和破坏形式。

二、实验设备与仪器

万能材料试验机,游标卡尺等。

三、实验试样

按照国家标准 GB/T 7314—2005《金属材料 室温压缩试验方法》,金属压缩试样的形状随着产品的品种、规格以及实验目的的不同而分为圆柱体试样、正方形柱体试样和板状试样三种。其中最常用的是圆柱体试样和正方形柱体试样,如图 2.1 所示。根据实验的目的,对试样的标距 L 作如下规定:

(1) $L=(1\sim2)d$ 的试样仅适用于测定 σ_{bc};

(2) $L=(2.5\sim3.5)d$(或 b)的试样适用于测定 σ_{pc}、σ_{sc} 和 σ_{bc};

(3) $L=(5\sim8)d$(或 b)的试样适用于测定 $\sigma_{pc0.01}$ 和 E_c,其中 d(或 b)$=10\sim20$ mm。

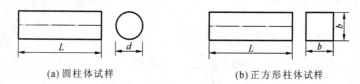

(a)圆柱体试样　　　　　　　　　(b)正方形柱体试样

图 2.1　压缩试样

对试样的形状、尺寸和加工的技术要求参见国家标准 GB/T 228.1—2010。

四、实验原理与方法

1.测定低碳钢压缩时的强度性能指标

低碳钢在压缩过程中,当应力小于屈服强度时,其变形情况与拉伸时的基本相同。当达到屈服强度后,试样产生塑性变形,随着压力的继续增加,试样的横截面面积不断变大直至被压扁。故只能测其屈服载荷 F_s,屈服强度为

$$\sigma_s = \frac{F_s}{A}$$

式中： A——试样的原始横截面面积。

2.测定灰铸铁压缩时的强度性能指标

灰铸铁在压缩过程中,当试样的变形很小时即发生破坏,故只能测其破坏时的最大载荷 F_{bc},抗压强度为

$$\sigma_{bc} = \frac{F_{bc}}{A}$$

五、实验步骤

(1)检查试样两端面的表面粗糙度和平行度,并涂上润滑油。用游标卡尺在试样的中间截面相互垂直的方向上各测量一次直径,取其平均值作为计算直径。

(2)检查球形承垫与承垫是否符合要求。

(3)将试样放进万能材料试验机的上、下承垫之间,并检查对中情况。

(4)开动万能材料试验机,均匀缓慢加载,注意读取低碳钢的屈服载荷 F_s 值,铸铁最大载荷 F_{bc}。

低碳钢试样压缩时有较短的屈服过程,不像拉伸时载荷有明显的波动现象,因此实验时要注意观察。由于低碳钢是塑性材料,屈服之后继续加载,试样截面逐渐增大,试样被压成饼而不断裂,故无压缩强度极限,屈服后试样稍有鼓形即可停止试验,以免过载使万能材料试验机损坏。

灰铸铁压缩时和拉伸时一样,均在很小的变形下发生破坏,只能测出最大载荷 F_{bc},即只有压缩强度极限。铸铁试样的断口接近 45°斜面,这是因为 45°斜面为最大切应力平面,故铸铁压缩实验试样的破坏形式为剪切破坏。

(5)实验结束,清理工具现场,复原万能材料试验机,填写实验报告。

实验三 金属扭转实验

一、实验目的

（1）验证剪切胡克定律，测定低碳钢的弹性常数：切变模量 G。

（2）测定低碳钢扭转时的强度性能指标：扭转屈服强度 τ_s 和抗扭强度 τ_b。

（3）测定灰铸铁扭转时的强度性能指标：抗扭强度 τ_b。

（4）绘制低碳钢和灰铸铁的扭转图，比较低碳钢和灰铸铁的扭转破坏形式。

二、实验设备与仪器

扭转试验机，计算机，游标卡尺等。

三、实验试样

按照国家标准 GB/T 10128—2007《金属材料　室温扭转试验方法》，金属扭转试样的形状随着产品的品种、规格，以及实验目的的不同而分为圆形截面试样和管形截面试样两种。其中最常用的是圆形截面试样。通常，圆形截面试样的直径 $d = 10$ mm，标距 $L_0 = 5d$ 或 $L_0 = 10d$，平行部分的长度为 $L_0 + 20$ mm。若采用其他直径的试样，其平行部分的长度应为 $L_0 + 2d$。试样头部的形状和尺寸应适合扭转试验机的夹头夹持。

由于扭转实验时，试样表面的切应力最大，试样表面的缺陷对实验结果影响很大，所以，对扭转试样表面粗糙度的要求要比拉伸试样的高。对扭转试样的加工技术要求参见国家标准 GB/T 10128—2007。

四、实验原理与方法

1. 测定低碳钢的弹性常数

为了验证剪切胡克定律，在弹性范围内，采用等量逐级加载法。实验装置扭角仪如图 3.1 所示，将试样安装在扭角仪上，每次增加同样的扭矩 ΔT，若扭转角 $\Delta\varphi$ 也基本相等，即验证了剪切胡克定律。

根据扭矩增量的平均值 $\overline{\Delta T}$，测得的扭转角增量的平均值 $\overline{\Delta\varphi}$，由此可得到切变模量

$$G = \frac{\overline{\Delta T} l}{\overline{\Delta\varphi} I_p} \tag{3.1}$$

式中：　L_0——试样的标距；

　　　　I_p——试样在标距内横截面的极惯性矩，$I_p = \pi d^4 / 32$；

　　　　d——试样的直径。

若载荷增量的平均值为 $\overline{\Delta F}$，则扭矩增量的平均值为 $\overline{\Delta T} = \overline{\Delta F} a$，若测量点的位移增量平均值为 $\overline{\Delta\delta}$，则扭转角增量的平均值为 $\overline{\Delta\varphi} = \overline{\Delta\delta}/b$，将这些关系式代入式（3.1），即得

$$G = \frac{32}{\pi d^4} \frac{\overline{\Delta F} a b l}{\overline{\Delta\delta}}$$

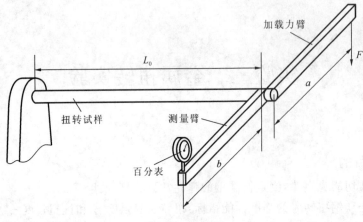

图 3.1　扭角仪

式中： a——载荷力臂；

　　　　b——测量力臂。

2.测定低碳钢扭转时的强度性能指标

试样在外力偶矩的作用下,其上任意一点处于纯剪切状态。随着外力偶矩的增加,测矩盘上的指针会出现停顿,这时指针所指示的外力偶矩的数值即为屈服力偶矩 M_{es},低碳钢的扭转屈服强度为

$$\tau_s = \frac{3}{4}\frac{M_{es}}{W_p}$$

式中： W_p——试样在标距内的抗扭截面系数,$W_p = \pi d^3/16$。

在测出屈服扭矩 T_s 后,改用电动加载,直到试样被扭断为止。测矩盘上的从动指针所指示的外力偶矩数值即为最大力偶矩 M_{eb},则低碳钢的抗扭强度为

$$\tau_b = \frac{3}{4}\frac{M_{eb}}{W_p}$$

对上述两公式的来源说明如下。

低碳钢试样在扭转变形过程中,利用扭转试验机上的自动绘图装置绘出的 $M_e\text{-}\varphi$ 图如图 3.2 所示。当到达图中 A 点时,M_e 与 φ 成正比的关系开始破坏,这时,试样表面处的切应力达到了材料的扭转屈服强度,如能测得此时相应的外力偶矩 M_{ep},如图 3.3(a)所示,则扭转屈服强度为

$$\tau_s = \frac{M_{ep}}{W_p}$$

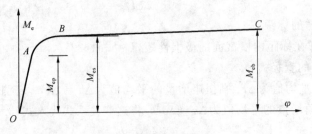

图 3.2　低碳钢的扭转图

经过 A 点后,横截面上出现了一个环状的塑性区,如图 3.3(b)所示。若材料的塑性很好,且当塑性区扩展到接近中心时,横截面周边上各点的切应力仍未超过扭转屈服强度,此时的切应力分布可简化成图 3.3(c)所示的情况,对应的扭矩 T_s 为

$$T_s = \int_0^{d/2} \tau_s \rho 2\pi\rho\mathrm{d}\rho = 2\pi\tau_s \int_0^{d/2} \rho^2\mathrm{d}\rho = \frac{\pi d^3}{12}\tau_s = \frac{4}{3}W_p\tau_s \tag{3.2}$$

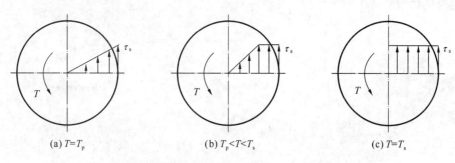

图 3.3　低碳钢圆柱形试样扭转时横截面上的切应力分布

由于 $T_s = M_{es}$,因此,由式(3.2)可以得到

$$\tau_s = \frac{3}{4}\frac{M_{es}}{W_p}$$

无论从测矩盘上指针前进的情况,还是从自动绘图装置所绘出的曲线来看,A 点的位置都不易精确判定,而 B 点的位置则较为明显。因此,一般均根据 B 点测定的 M_{es} 来求扭转切应力 τ_s。当然这种计算方法也有缺陷,只有当实际的应力分布与图 3.3(c)完全符合时,其计算值才是正确的,对塑性较小的材料,其计算值与实际值的差异是比较大的。从图 3.2 可以看出,当外力偶矩超过 M_{es} 后,扭转角 φ 增加很快,而外力偶矩增加很小,BC 近似于一条直线。因此,可认为横截面上的切应力分布如图 3.3(c)所示,只是切应力值比 τ_s 大。根据测定的试样在断裂时的外力偶矩 M_{eb},可求得抗扭强度为

$$\tau_b = \frac{3}{4}\frac{M_{eb}}{W_p}$$

3.测定灰铸铁扭转时的强度性能指标

对于灰铸铁试样,只需测出其承受的最大外力偶矩 M_{eb}(方法同测定低碳钢扭转强度性能指标的方法),其抗扭强度为

$$\tau_b = \frac{M_{eb}}{W_p}$$

由上述扭转破坏的试样可以看出:低碳钢试样的断口与轴线垂直,表明破坏是由切应力引起的,而灰铸铁试样的断口则沿螺旋线方向与轴线约成 45°,表明破坏是由拉应力引起的。

五、实验步骤

1.测定低碳钢扭转时的强度性能指标

(1)测量试样的直径(方法与金属拉伸实验相同)。

(2)将试样安装到扭转试验机上。

(3)计算机数据调整为"0"。

(4)使用电动方式快速加载(速度为 260°/min～300°/min),直至试样被扭断为止,关闭扭转试验机,从计算机软件中读取最大外力偶矩 M_{eb} 和屈服扭矩 T_s。

2.测定灰铸铁扭转时的强度性能指标

（1）测量试样的直径（方法与金属拉伸实验相同）。

（2）将试样安装到扭转试验机上，计算机数据调整为"0"。

（3）使用电动方式加载（速度为 $60°/\text{min} \sim 100°/\text{min}$），直至试样被扭断为止，关闭扭转试验机，从计算机软件中读取最大外力偶矩 M_{eb}。

第二部分 实验报告

金属拉伸实验报告

实验名称＿＿＿＿＿＿＿＿＿＿＿＿＿＿＿＿＿＿　　　　审阅＿＿＿＿＿

实验班级＿＿＿＿＿　姓名＿＿＿＿＿　学号＿＿＿＿＿　日期＿＿＿＿＿

一、实验目的

二、简述实验步骤

三、实验数据的记录与计算

1.测定低碳钢的弹性常数

将低碳钢弹性模量的测定数据和计算结果记录在下表中。

试样尺寸:直径 $d_0 =$ mm,   标距 $L_0 =$ mm

载荷/kN		变形/格	
读数 F	增量 ΔF	位移读数 L（横坐标）	增量 ΔL
增量均值 $\overline{\Delta F} =$		增量均值 $\Delta L =$ mm	

弹性模量 $E = \Delta F \cdot L_0/(A_0 \cdot \Delta L) = 4\Delta F L_0/(\pi d_0^2 \Delta L) =$ GPa

2.测定低碳钢拉伸时的强度和塑性性能指标

将低碳钢拉伸时的强度和塑性性能指标的测定数据和计算结果记录在下表中。

试样尺寸	实验数据
实验前： 　标距 $L_0 =$ mm 　直径 $d_0 =$ mm 实验后： 　标距 $L_1 =$ mm 　最小直径 $d_1 =$ mm	屈服载荷 $F_s =$ kN 最大载荷 $F_b =$ kN 屈服强度 $\sigma_s = F_s/A_0 =$ MPa 抗拉强度 $\sigma_b = F_b/A_0 =$ MPa 延伸率 $\delta = (L_1 - L_0)/L_0 \times 100\% =$ 截面收缩率 $\Psi = (A_0 - A_1)/A_0 \times 100\% =$
拉断后的试样草图	试样的拉伸曲线

3. 测定灰铸铁拉伸时的强度性能指标

将灰铸铁拉伸时的强度性能指标的测定数据和计算结果记录在下表中。

试样尺寸	实验数据
实验前： 　直径 $d_0 =$ _____ mm	最大载荷 $F_b =$ _____ kN 抗拉强度 $\sigma_b = F_b / A_0 =$ _____ MPa
拉断后的试样草图	试样的拉伸曲线

4. 金属拉伸实验结果的计算精确度

(1) 强度性能指标(屈服强度 σ_s 和抗拉强度 σ_b)的计算精度要求为 0.5 MPa，即：凡是小于 0.25 MPa 的数值舍去；大于等于 0.25 MPa 而小于 0.75 MPa 的数值记为 0.5 MPa；大于等于 0.75 MPa 的数值则记为 1 MPa。

(2) 塑性性能指标(延伸率 δ 和截面收缩率 Ψ)的计算精度要求为 0.5%，即：凡是小于 0.25% 的数值舍去；大于等于 0.25% 而小于 0.75% 的数值记为 0.5%；大于等于 0.75% 的数值则记为 1%。

四、思考题

(1) 低碳钢拉伸曲线大致可分为几个阶段？每个阶段的力和变形有什么关系？

13

（2）低碳钢和铸铁两种材料的断口有什么不同？它们的力学性能有何不同（比较强度和塑性）？

（3）拉伸实验为什么要采用标准试样？

（4）试样截面直径相同而标距不同,试样的延伸率和截面收缩率是否相同？

金属压缩实验报告

实验名称＿＿＿＿＿＿＿＿＿＿＿＿＿＿＿＿＿＿＿＿＿　　　审阅＿＿＿＿＿＿

实验班级＿＿＿＿＿＿　姓名＿＿＿＿＿＿　学号＿＿＿＿＿＿　日期＿＿＿＿＿＿

一、实验目的

二、简述实验步骤

三、实验结果记录

将低碳钢和灰铸铁压缩时的强度性能指标的测定数据和计算结果记录在下表中。

材料	试样直径	实验数据	实验后的试样草图	试样的压缩图
低碳钢		屈服载荷 $F_s =$ kN 屈服强度 $\sigma_s = \dfrac{F_s}{A} =$ MPa		
灰铸铁		最大载荷 $F_{bc} =$ kN 抗压强度 $\sigma_{bc} = \dfrac{F_{bc}}{A} =$ MPa		

四、思考题

1. 比较低碳钢和灰铸铁在拉伸与压缩时所测得的 σ_s 和 σ_b（或 σ_{bc}）的数值有何差别？

2. 仔细观察灰铸铁的破坏形式并分析破坏原因。

金属扭转实验报告

实验名称＿＿＿＿＿＿＿＿＿＿＿＿＿＿＿＿＿＿＿＿ 审阅＿＿＿＿＿＿

实验班级＿＿＿＿＿＿ 姓名＿＿＿＿＿ 学号＿＿＿＿＿ 日期＿＿＿＿＿

一、实验目的

二、简述实验步骤

三、实验结果记录

1.测定低碳钢和灰铸铁扭转时的强度性能指标

将低碳钢和灰铸铁扭转时的强度性能指标测定数据和计算结果记录在下表中。

材料	低碳钢		灰铸铁	
试样尺寸	直径 $d=$	mm	直径 $d=$	mm
实验后的试样草图				
实验数据	屈服扭矩 $T_s=$　　　　　　　N·m 最大扭矩 $T_b=$　　　　　　　N·m 扭转屈服强度 $\tau_s=0.75T_s/W_p=$　MPa 抗扭强度 $\tau_b=0.75T_b/W_p=$　MPa		最大扭矩 $T_b=$　　　　　N·m 抗扭强度 $\tau_b=T_b/W_p=$　　MPa	
试样的扭转图				

四、思考题

1.比较低碳钢与灰铸铁试样的扭转破坏断口,并分析它们的破坏原因。

2. 根据拉伸、压缩和扭转三种实验结果，比较低碳钢与灰铸铁的力学性能及破坏形式，并分析原因。

参 考 文 献

[1] 陶亦亦,汪浩.工程材料与机械制造基础[M].2版.北京:化学工业出版社,2005.
[2] 王纪安.工程材料与成形工艺基础[M].北京:高等教育出版社,2009.
[3] 汤酞则.材料成形技术基础[M].北京:清华大学出版社,2008.
[4] 刘春廷.工程材料及加工工艺[M].北京:化学工业出版社,2009.